To happiness!

Tal Ben-Shahar

幸福的方法2

幸福的最小距离

[美]泰勒·本-沙哈尔——著
王晋——译

SHORT CUTS TO HAPPINESS: LIFE-CHANGING LESSONS FROM MY BARBER

中信出版集团 | 北京

图书在版编目（CIP）数据

幸福的方法. 2，幸福的最小距离 / (美) 泰勒·本-沙哈尔著；王晋译. -- 北京：中信出版社，2020.5（2025.5重印）
书名原文: Short Cuts to Happiness
ISBN 978-7-5217-1420-3

Ⅰ. ①幸… Ⅱ. ①泰… ②王… Ⅲ. ①幸福—通俗读物 Ⅳ. ①B82-49

中国版本图书馆CIP数据核字（2020）第029658号

幸福的方法2——幸福的最小距离

著　　者：[美] 泰勒·本-沙哈尔
译　　者：王晋
出版发行：中信出版集团股份有限公司
（北京市朝阳区东三环北路 27 号嘉铭中心　邮编　100020）
承 印 者：河北鹏润印刷有限公司

开　　本：880mm × 1230mm　1/32　　印　　张：4.25　　字　　数：63千字
版　　次：2020年 5月第1版　　印　　次：2025年 5月第5次印刷
京权图字：01-2019-4604
书　　号：ISBN 978-7-5217-1420-3
定　　价：35.00元

目录

推荐序

*

接到邀约，为沙哈尔的书写序。喜获大作，算是一个突如其来的幸福。细细品味书中源于生活的智慧，我感触良多。沙哈尔笔下的阿维，使我想起许多曾与我在生命中相逢，或深藏在我心中的“阿维”，普普通通的他们给我带来很多幸福和平静。

我很荣幸为这本书写序，主要是因为作者是我认识的典型知行合一的心理学家，他将知行合一的生命体现得淋漓尽致。这要从我认识他开始说起，我与沙哈尔相识于 9 年前，2011 年至 2012 年，我曾邀请他来北京参加中国 EAP 和职业心理健康论坛和幸福工作坊，请他做主题发言并在北京师范大学给同学们做幸福课讲座。沙哈尔在哈佛大学讲授的幸福课是最受哈佛师生欢迎的课程，对他来说为北师大学生讲幸福是轻车熟路了，但他仍然认真得超乎我的想象，甚至担心饱腹感会影响讲座效果，连晚饭都基本不吃（只吃了几片鱼肉）。讲座前教室突发设备故障，大家都在紧张地解决这个尴尬的问题，沙哈尔却在一旁每隔两分钟左右就拿笔记录一次，当时我一直好奇他在记录什么，直到今天翻阅他的这本书，才忽然明白，那是他在用一双敏锐的眼睛和诚挚的心去记录生活、感受生命！书者如也，他的这本书就是他的生活的真实再现。第二天晚上，我请他们全家去海底捞吃饭，想让这位研究幸福的学者也体验一下员工幸福感很高的海底捞餐厅。不料刚进餐厅，他的两个不到 10 岁的孩子就失去了踪影。相比我们的慌张，沙哈尔夫妇非常淡定，只告诉我们一句话：他们总会回来的。就像沙哈尔在书中“阿维的剃刀定律”一章里所写的，当孩子需要帮助的时候，如无必要，勿伸援手。文如其人，沙哈尔对于人际关系与亲子关系平衡的觉察细致入微，并总能在日常生活中践行它。

这些年，关于幸福的诸多问题，我也一直在思考。无论是研究还是实践，我都没有把幸福诠释得太好，甚至遇到很大挑战。比如，我们中国人为什么幸福感不高，自 2013 年以来在联合国公布的《全球幸福指数报告》中，始终在 70 名以后，最低时 112 名（共 156 个国家与地区）。每每看到这个令人遗憾的排名，我都很难充分解释其原因。沙哈尔执意离开美国，回到了硝烟不断的祖国以色列，为何以色列的国民幸福感排名（中东地区第一，全球第 13 位）如此之高？我也常常思考，却没有找到答案。除去政治、经济、宗教等诸多因素，是不是因为我们的“阿维”太少，或者我们缺少发现“阿维”的眼睛？从一个心理学者的角度出发，我渴望人们心中有更多的“阿维”，更多人拥有寻找、发现“阿维”的眼睛。这样，我们的国民幸福感或许会上升很多。

沙哈尔在各种场合曾不止一次表达过他对中国传统文化的热爱，特别是对儒家和道家思想的诠释与践行。他特别强调修身、齐家，多次提到老子、庄子，每次来中国都要去道观。本书很多地方的写作与中国文化自然结缘，读来觉得似曾相识，又有所不同，他在书中写到阿维每天跟母亲打电话，特别孝顺，这正是中国儒家文化的亲亲之孝，而他与周围人的融洽相处和他对朋友的热情帮助，像极了儒家的泛爱众！四海之内皆为兄弟，爱在全世界相通。尤其书中“无念无想”一章，让我忽然同时想到卡巴金的正念、艾伦·兰格（沙哈尔教授的硕士导师）的专念和佛家的慈心禅，还有庄子的坐忘，尤其庄子的坐忘，就是忘掉自己的肢体，革除自己的知觉，离弃了本体，把自己本身的存在也忘掉，这是道家为道日损的归零状态，也是每个人心中的桃花源。我们不仅要每日正念，也要在追求新异中感受专念，更要有自己心中的桃花源。

此书读后的收获超越单一维度，更像穿越时空的畅游，有种静好而玄妙的感受——从自然与朴实当中修身养性，从真实生活中觉察到幸福的自然而然，亦可从西方心理学与东方儒释道思想之中深入思考。

书中提及很多生活琐事，却蕴含了诸多心理研究成果，这也是最打动我的地方之一。比如，书中提及想象一头奶牛抢占了车位来帮助控制情绪，这种情绪替代的生活案例在一般心理学著作中并不多见。当看到“幸福是选择”这一章时，我想起了我的唯一偶像——维克多·弗兰克尔。这位伟大的心理学家新婚不久就被关进了集中营，而后辗转到奥斯威辛集中营，他经历过亲人被残害，身心饱受摧残，受尽了人间悲苦，但是这位伟大的犹太人在集中营中做出了重要选择，他选择寻找生命的意义，并在寻找意义中成就自己。他不仅在集中营生存下来，还演绎了辉煌的人生，他认为，人生无论处于什么样的悲惨环境，都可以选择乐观而有意义的生活。如果说维克多·弗兰克尔是在悲惨的环境中用生命证明了自己的理论和生命的意义，泰勒·本-沙哈尔则是在岁月静好中一点一滴汇聚了幸福的海洋。在行色匆匆的茫茫人海中，人们很容易把自己遗忘并忽略当下。请读者们用心觉察一下，有多少时刻你们并没有活在当下，有多少时刻你们甚至忽略了春天的到来？让我们再次回到 2005 年，哈佛大学一位年轻学者提醒世人：生命中最不能忽略的就是幸福，幸福是每一个生命所追求的终极目标。在不改变环境的情况下，我们其实可以拥有足够多的方法获得幸福。这是人类寻求幸福之路的伟大里程碑。这不仅是幸福感的觉醒，也意味着人们开始用更为专业的方式追求幸福。因此，哈佛大学幸福课才会有如此的影响力，本书作者的名字才会如此的响亮。

阅读本书，像是开启了一场梦幻般的心灵旅程。梦醒的时候，我突然想感谢一下我的“阿维”，就是那位多年前在北师大北门胡同口卖早点的小伙子，每次路过他的早点铺，他都热情洋溢地招呼我：“大哥，请您尝尝我的包子，今天的包子和油条很不错。”我总是脚步不停，头也不抬，匆匆告诉他：“我吃过饭了，不需要。”他依然会在我背后，热情大声地说：“哥，没关系，下次，等您下次。”几乎每次路过，他都用同样的热情拥抱我，渐渐地我被他打动，这是一份对生活热情的感动。我时常给大家分享职业心理健康研究成果，我试图帮助人们学会如何去认同自己的职业，如何去热爱自己的事业，如何去寻找工作的意义。小伙子这一句朴实的吆喝比很多说教更有力量，他吆喝的是热情、吆喝的是发自内心的力量。我要感谢这位卖早点的小伙子，感谢他给予我生命的力量与激情。作为一名教授，我要大声地问同学们好，我要热爱这个职业，赋予自己生命的意义。这就是“阿维”带给我的，你的“阿维”在哪里？

将这本简明扼要又深入浅出的书带在身边，放在床头，或在一个美好的下午，泡杯茶，慢慢品味，或和孩子们一起朗读，或跟朋友们一起讨论。让我们相信，世界原本就是幸福的！

张西超

北京师范大学心理学部教授

2020.4

前言

*

我们去理发店，往往是为了寻求某种变化。我们会让理发师简单修剪一下头发或是彻底换个发型，略微挑染一下或是染个全新的颜色。不过，我们大多数人，不管是心里偷着想一想，还是公开地说出来，希望的都不仅仅是外在的变化，不仅仅是改变发型这么简单。

我们真正想要的是内在的变化，也许是内心的小涟漪抑或是大波澜。

因此，我们很多人都会和理发师建立一种特殊的关系。随着我们毫无保留地把信任给予理发师那灵巧的双手、飞舞的锋利剪刀以及他们个人，我们会与他们自由地分享我们的焦虑和担忧，悲伤和秘密。当我们卸下防御，当我们不再抵抗，当那堵把我们与世界分隔开来的墙崩塌时，我们就做好了倾听、成长和学习的准备。

本书讲述了我从理发师阿维 · 佩雷茨身上学到的重要经验。

近 20 年来，阿维一直在拉马特沙龙一处较小的街区经营着一家理发店。那里属于以色列特拉维夫的郊区。阿维的理发店在当地小有名气，位于街区的中心，旁边有咖啡店、尤瓦尔便利店和雅各布杂货店。这些店铺围出了一块空地，上面铺着大块的瓷砖，不是十分平整，有的已经破损。那条原是绿色的长凳，经地中海太阳的暴晒，现在已经破旧不堪了，旁边矗立着几十个附近人家的邮箱。一棵古树看顾着这里的一切，它的根系已经顶出地面。树荫下，大人们在谈论着新开的公司，孩子们在玩捉迷藏，小猫、小狗还有鸽子和平地共处一隅。

阿维的理发店是这里的一个聚会场所，它为附近的男女老少提供的不仅仅是美发服务。阿维的轻松自如、慷慨大方以及风趣智慧正是这个崇尚高科技的快节奏、后现代的世界所缺失的，也正是我们需要学习的。

* * *

2010 年我刚从美国回到以色列，就开始找阿维理发。虽然我很享受在理发店的时光，而且总会从阿维那里学到一些东西，但直到 2014 年我才开始动笔，把每次在理发店学到的经验教训记录下来。

几乎就在 10 年前的同一天，我提交了博士论文。这是巧合，还是我潜意识里精心策划的，我不知道，但重点是 2004 年我完成学业后，一直渴望重返校园，再次接受正规教育，就像此前我大部分时间所做的那样。虽然毕业后我一直没有停止广泛阅读，但我特别怀念做学生时课堂上那种面对面的学习。

动笔写这本书标志着我正式回归非正规教育——只不过这次不是在教室里，而是在理发店中；教课的不是教授，而是我的理发师。讲座都不长，沉默伴随着言简意赅的话语。他的话鼓舞人心，发人深省，传达的不是理论，而是实用的智慧。

在接下来的章节中，我会把每次见到阿维时学到的东西写下来，包括其中的精神与实质。为此，本书是按照时间先后顺序排列的，也就是说在这两年里，有些主题会在不同的时间点不止一次被提及。如果我是按传统方式写一本书或教一门课，那么这些章节会以十分紧凑的形式出现。但是，我觉得如果走传统路线，就抹杀了阿维人生信条的核心精神——这种精神崇尚的是自然而然、无拘无束，反映的是生活的本来模样。

为了充分利用这本书，我建议你一章一章地读，每章读完后，什么都不要做，花几分钟时间静静地思考，好好领会一下其中的意思。整本书读完后，你可以把它放在床边或桌子上，每天再抽空读一章，当天就把其中的道理付诸实践。你可以从头按顺序读，也可以从目录中选一章，还可以随意翻开，看看命运女神让你读哪一章，也许你会发现到达幸福的最小距离。

SHORT CUTS TO HAPPINESS: LIFE-CHANGING LESSONS FROM MY BARBER

*

*

真正重要的事

*

*

那是 2014 年 3 月 14 日，我正经历一段异常困难的时期，满脑子都在想关乎人生的大问题，可谓焦虑万分。

当时，我刚刚教完为期一年的积极心理学强化课程，内心十分空虚，就是那种兴奋之后往往会出现的空虚。接下来我该做什么？这辈子我还想干些什么？我算是有所作为吗？这一切重要吗？

糟糕的是，我马上又要长途跋涉飞往中国做一次演讲。我不禁想起了西西弗斯，刚将巨石推到山顶，就要从山脚下重新来过，如此反复，周而复始，永无休止。

此外，我急需理个发，所以在出发去机场的前几个小时，我去了阿维·佩雷茨的理发店。阿维是我的理发师，当我在沙发上等候时，听到一位女顾客问他是否拿到了飞行执照，阿维说没有。轮到我理发时，我不禁又多问了几句。

“我不知道你竟然在考飞行执照。”

“没错，我前一阵的确在考，因为我觉得那会消除我时不时出现的空虚感。事实上，我原以为有很多其他事情都能填补我的空虚，但是我发现自己找错了方向。”

“那么，什么能让你充实起来呢？”

“就是这里的小事。”他用没拿剪刀的那只手指了指自己所站的位置，“不在天上，也不在别处。”

“你说的这些小事是指什么呢？”我问。

“哦，就是些平常的事情，陪陪孩子，听听音乐，去趟海边。”他笑了笑又加了一句，“和我的顾客聊天。”

他的话提醒了我“平常事”的价值，让我的注意力从那些大问题上移开，转而开始关注小事，这一点我此前曾无数次建议过别人，实际上第二天的演讲也和这有关。离开阿维的理发店时，我感觉好多了，这仅仅花了我 70 谢克尔（此外，我还免费理了个发）。

这并非我第一次因为阿维的缘故而觉得好多了，我知道其他顾客也有过类似的经历。我还知道除我之外，很多人都在与理发师、出租车司机、花匠或当地便利店收银员的日常聊天中，不经意间收获了宝贵的意见，甚至很可能是改变人生的意见。

他们的话会有一定的作用——如果我们能更关注，作用会越发明显。原因是，他们会提醒我们如何用常识解决人类普遍面临的问题，这些常识性的解决方案就是最快的途径，它们就在我们眼前，但我们常常会忘记或忽视。

法国哲学家伏尔泰曾说：“常识并非那么平常。”

理完发走在回家的路上，我下定决心把阿维的这些常识写下来，这样我可以在需要时回顾一番，同时那些没办法找他理发的人也可以分享他的智慧。

*

*

幸福是选择

*

*

阿维在雅法长大。作为以色列乃至全世界最古老的城市之一，雅法在地中海占据战略地位，可以俯瞰南北海岸线，因此在繁荣昌盛的同时，也曾是兵家必争之地。虽然时隔数百年，亚历山大大帝和拿破仑·波拿巴在争夺该地区的战役中，都选择雅法作为重要的战略基地。甚至在这两位征服者到来之前的几个世纪，大卫王和他的儿子所罗门就通过雅法港运输木材建造了第一座圣殿。

如今，雅法作为特拉维夫的一部分，是一个蓬勃发展的大都市。在这里，犹太人和阿拉伯人一起生活，古老的石砖路与现代建筑并行。不过，在阿维小的时候，雅法还很穷，犯罪率居高不下，而且饱受毒品的侵害。

阿维回忆起自己的童年，生活并不总是一帆风顺的。他记得打仗、受伤、跌倒，但他也说正是这些经历让他为以后的生活做好了准备。

阿维说："你知道的，如果你在那些地方待过，那些艰苦的地方，后来你走出来了，那么你就不会那么害怕尝试了。"

我看着面前镜子里的阿维，他那无所畏惧的古铜色脸庞似乎正好映衬了他所说的话。

我们谈到我们的孩子如今生活在和平的地方，无法像不久之前的那代人一样，能够从现实生活中获得那种教育。

"别误会我的意思，"他说，"我很高兴我的孩子们所住的地方比我当年安全。不过，问题是我们对他们的保护往往过度了。直面困难是有意义的。"

哈佛大学的克莱顿·克里斯坦森教授也表示了相同的意见，他指出童年时期面临的挑战有一个重要的作用："这些挑战有助于他们磨炼成功的人生所需的能力。应对刁难人的老师，运动会没拿到名次，学习如何在学校各个复杂的小团体中做到游刃有余，所有这些都是要亲身经历的。”

幸运的是，生活会给予我们每个人一定的苦难。即使在最安全的地方、最受保护的家庭环境，仍有学习和发展的机会。作为父母，我们不应该剥夺孩子这些成长的机会，同时也不应该剥夺我们自己成长的机会。

*

*

谁都不完美

*

*

第二天，我路过阿维的理发店，透过窗户看到几位朋友坐在沙发上，其中一两个在排队理发，其他人就是在那儿闲聊。我决定加入这次小小的邻里聚会。

阿维的理发店不大，只有大约30平方米，虽然我们只有8个人待在里面，但也显得拥挤而嘈杂，但我们每个人心里都很平静安宁。各种交谈同时进行着，阿维就是这场大合唱的总指挥——他默默剪着头发，有时端上咖啡，有时朝某个人笑笑，有时点头表示赞同。

因为我们的小孩上的都是当地同一所小学，所以谈着谈着往往就会聊到学校发生的新鲜事。这次，一位爸爸抱怨说，他 11 岁的女儿因为被同学的一个聊天群拒之门外而伤心得不得了。一位妈妈说，想想她孩子聊天群的内容（或者至少就她看到的那部分聊天内容来说），不加入这些群才好。我们反反复复地谈论，和我们小时候比，现在孩子的聊天方式发生了多大的变化。因为社交媒体的出现，孩子，甚至是大人不经意间都会表现出无礼的一面。

阿维一直没有说话，他在给一位妈妈做挑染，灵巧地用锡纸卷起一绺绺头发。我不知道他有没有在听我们说话，直到他打破了沉默。

“我告诉我的孩子，他们每次伤害别人，不管是在网上还是面对面，都会毒害自己的身体。”他停了一下，又拿起一绺儿头发卷起来，然后接着说，“我告诉他们，有时我也会伤害别人，毒害自己，但我一直努力成为一个更好的人。”

大家继续聊着，每位家长都说了自己的意见，但是阿维的话给我留下了最深刻的印象。他就说了两句话。首先，他向孩子解释说当我们伤害别人时，我们自己也付出了代价——毒害了自己的身体。阿维用一句简练的话生动地描绘了我们内在的道德感。关于这个话题，哲学和心理学都有大量的文献表明，除了精神病患者之外，伤害别人时我们会在情感上付出高昂的代价。第二，阿维给孩子们树立了榜样——这个榜样并非完美，让人无法企及，而是一个意识到自己还有成长空间的会犯错的人。要想成为更好的人，孩子们需要这种榜样，我们大人也是一样。

*

*

风景何须远方

*

*

每隔几天，阿维的理发店就会收到一束鲜花，把店里点缀得生机盎然，香气馥郁。“这些花太好看了。”我边欣赏着最新送来的花边说道，“真好闻。”花朵的香气驱走了初夏的燠热。“这些花是白百合。我本来打算今年夏天去泰国旅游，但现在家里和店里有太多的事情要做，我走不开。所以我不去泰国了，而是打造了一片像泰国一样花香四溢的天地。其实，我们并不一定要去世界各地度假才能享受到最好的假期。”

我突然意识到为什么我会在阿维的理发店徜徉那么久：待

在这里让我觉得仿佛在度假一般。简简单单的理发可能会变为一次感官体验，好似逃离了日常生活，在某个颇具异国情调的地方好好休息了一番。在这里，你置身于鲜花的馨香中，慢慢啜饮着现磨的咖啡，洗头时温柔的头部按摩更是让人舒适无比。那永不停歇的嚓嚓的剪发声、大家的交谈声，还有那让人热血沸腾的拉丁音乐，完美地交织在一起。

我之所以会有度假的感觉，还有另外一个原因。英语中的“假期”（*vacation*）一词与“真空”（*vacuum*）源自相同的词根。而在希伯来语中，“假期”（*hofesh*）和“探寻”（*hipus*）的词根同源。如果把英语和希伯来语结合起来，我们可以这样解释：假期就是待在一个提供了必要的探寻空间的地方。阿维的理发店虽然不大，但让人觉得很敞亮，仅有的基本理发工具被鲜花包围着。在这里，我可以不断地探寻。

回家的路上，我在雅各布杂货店买了些花。等三个孩子睡着后，我放了阿古斯丁·巴里奥斯的一张唱片，这是阿维之前推荐给我的。收拾完我的房间，我给自己泡了一杯茶。在这珍贵的一刻，我有了属于自己的一片天地，宛若度假一般。

*

*

触手可及的幸福

*

*

我再去找阿维的时候，是因为我的小儿子埃利亚夫需要理一理他那一头卷发。阿维独自一人在理发店的沙发上看书。

“看什么书呢？”我问。

“一本很好的书，一位顾客送给我的，作者是希腊的一名理发师。他讲述了自己多年来与人打交道的经验，其中很多内容我都有同感。”

“比如呢？”我好奇地问。

阿维说他给顾客理发时能够感觉到有些人十分僵硬，当然是指心理上。

“有些顾客，在我转动他们的头时，会随着我动，甚至依据我的手的触摸力度主动转动，而有些人则很被动。”阿维停了一会儿，然后微笑着说，即使最僵硬的顾客也能变得柔和起来，“我在给他们理发时，会轻柔地转动他们的头，慢慢地他们会释放自己，做出回应。不过，你知道最有趣的是什么吗？”

“是什么？”我边问边思忖我是不是这样一位僵硬的顾客。

“当他们的头不再那么僵硬，开始配合我时，他们在其他方面也放开了。他们的身体不再那么呆板，也更愿意说话了。这就好像是身体放开之后，会告诉大脑也这样做。”

我想到了迈阿密大学蒂法尼·菲尔德教授关于触摸对身心有何益处的研究，触摸的形式包括按摩、拥抱或是温柔的爱抚。触摸会释放化学物质，减轻疼痛，使人平静。在我们触摸别人或被人触摸时，会产生催产素，这是一种让我们内心感到温暖并让我们昏昏然的爱情荷尔蒙。我想起了我的祖父，他时常用宽大的手掌抚摩我们的后背或手臂，告诉我们他正向我们播撒爱。

理发店正在播放萨姆·费尔特的歌，当我听到“表达出你的爱”时，我想到触摸会让这个世界变得更好。不幸的是，在我们的文化中，触摸越来越少，我们正在放弃幸福的一个重要来源，而它其实就在我们的指尖，触手可及。

触摸的好处在于这是一种双向交流，当然是在双方都情愿的情况下。我们触摸别人时，自己也受到了触摸，我们在给予的时候，同时也是在获得。

其实，我们不用非得等到每月理发的那天，才去享受那有着神奇作用的触摸。

*

*

永远坐得像个国王

*

*

“坐直了。”阿维对我说。这句话我三年级时的老师也对我说过，但阿维和老师不一样，他的话并不是命令，而是一种邀请。我接受了他的邀请，挺直了后背和脖子，就像做瑜伽时那样。这样的坐姿立刻让我觉得不一样了。

几个星期前，我的大儿子大卫来理发店理发，我看到阿维轻轻地抬了抬他的头还有下巴。从我这个角度看，我那 10 岁的儿子就像一位意气风发的勇士或国王，这个坐姿特别契合他那古老的名字。

我挺直腰板的同时，想到了心理学家巴勃罗·布里尼奥尔的研究。巴勃罗研究了身体姿势会如何影响我们的精神状态，比如，坐着时挺胸抬头会提升我们的自信心。此外，还有研究表明低头垂肩会引起悲伤、疲劳和焦虑，而直挺的姿态会让我们更积极，更警觉，同时不那么焦虑。

心理学与生理学一脉相承，内心与外在密切相连。

有力的握手可以传达出自信，同时产生信心，而无力的握手传递出的则是不安全感。我们的面部表情也是一样，微笑会给自己和别人带来愉快的感受，而皱眉则会产生悲伤的情绪。

佛教大师一行禅师曾写道："有时你的快乐是微笑的源泉，但有时你的微笑也可以成为快乐的源泉。"

阿维总是微笑着迎接顾客，顾客也常常报之以微笑。他握手时总是强而有力，展现出自信的同时也消除了对方的疑虑。

正当我坐在办公室里写这本书时，我似乎听到阿维在对我说挺直后背，伸直脖子，微微抬起下巴。

*

*

慷慨是富足的秘诀

*

*

阿维的儿子12岁，和我的孩子上同一所学校，他是学校最好的足球运动员之一。阿维本人对足球没有什么兴趣，但为了支持儿子，他也开始看世界杯了，那年的世界杯在巴西举行。鉴于他对球赛的兴趣，我觉得完全可以和他分享一下我看加纳和德国对决（最终比分二比二平）时的兴奋之情，所以我和女儿谢瑞里走进理发店时便问："阿维，你看昨天的比赛了吗？这是我看过最精彩的一场比赛！"

"看了，看了，比赛很精彩。"他说。但是，我没想到他这么快就打消了我的热情。他转到了更熟悉、更舒适的话题，问道："想喝点什么？谢瑞里，这有格兰诺拉饼干，是我今天早晨在埃雷兹咖啡店买的，可好吃了，快尝一尝。"阿维总是大方地招待顾客，他指着柜台上的一盘新鲜水果说："吃点儿葡萄，可甜了。"

当我们坐在沙发上品尝美味时，电话响了。通过阿维挂电话前说的那几句话，我可以猜测打电话的人遇到了困难。阿维说："在环岛对面的咖啡厅等我，我还有两位顾客，之后马上过来。"这时正是理发店繁忙的时刻，时值中午，但有朋友需要帮助。在阿维心里，朋友的需要胜过一切。

阿维的幸福感很大程度上源于他乐于助人的天性，这一点我确信无疑。很多神经科学研究表明，当我们帮助他人时，大脑中控制幸福感的区域会被唤起。不过，慷慨的益处超越了给我们带来幸福感。

几个星期前，我和阿维在谈论商业成功的因素时，他告诉我他认为慷慨是富足的秘诀，不管是物质上的还是情感上的。阿维与法国社会学家埃米尔·杜尔凯姆的看法不同，阿维认为作为生活的一部分，现实世界与精神世界、世俗与神圣之间没有明确的界限。不管是听朋友谈论私事，还是参加安乐堂的祈祷仪式，阿维都表示出同样的敬意。安乐堂是拉马特沙龙的改革派犹太会堂，阿维在赎罪日会参加这里的祈祷仪式。

我和阿维讨论了“给予”一词在希伯来语中的词根（*natan*）。这是回文词，也就是说从右往左或是从左往右读都是一样的。这也许并非巧合，因为“给予”也是双向的——给予的同时，也是一种得到，并且大多数情况下是心甘情愿的。

当他与我分享关于慷慨的个人信条时，我感觉仿佛是拉比在会众面前讲道，抑或教练在激励他所带的团队。他总结说：“贪婪的代价是高昂的！如果你贪得无厌，物质上的成功往往会越来越少，朋友也会日渐稀少。”

听了阿维的话，我很感恩能够和他住在一个街区，并成为他的朋友。

*

*

无念无想

*

*

在以色列，犹太新年的前一天通常是理发店最繁忙的日子。很多犹太人，不管是正统派还是其他教派，都喜欢打理一下头发，迎接新年的到来。那年过年之前我恰巧没有时间，所以新年的第二天我才去理发。我很高兴，阿维一个人待在他的王国里。我没有在高峰期来理发（我意识到这是因为我自己也忙疯了），却幸运地得到了与阿维单独相处的宝贵机会。

还有一件事也很难得，那就是第一次听到某首歌就让我兴奋不已。那天早上，当我走进空荡荡的理发店，听到奈尔斯·巴克利的《疯狂》在我耳边萦绕时，我立刻感到了它的与众不同。

当那首歌播完，我回过神来，便问阿维这么神奇的歌来自哪里。“哦，出了几年了，不过我今天早晨才听到这版慢节奏的，我马上把它加入了播放清单。很好听，是不是？”

因为没有人排队理发，阿维建议我们一起再听一遍，然后再给我理发。于是，接下来的 5 分钟，我们静静地聆听了这首慢节奏、震撼心灵的歌曲，它清除了我们内心的所有杂念，带来了一种幸福的解脱之感。

当我们的大脑停下来，或者说不再思考时，即使十分短暂，也会腾出空间，让我们的心灵和情感变得更为强大。没有任何思绪的打扰，我们毫无阻隔地感受着这个世界。这就是禅宗所说的“无念”。这种状态不会一直持续，只是偶尔存在。在这种状态下，我们身处当下，不去思考过去或未来，而是自然而然地回应当下。

要在内心深处达到这种境界并非易事。我们不能着急，要放慢脚步，将自己交给当下。我们可以聚焦于自己的呼吸，看着爱人的眼睛，去户外悠闲地散步，或是一遍又一遍地聆听同一首歌曲，也许能达到化境的状态。

听完歌，阿维开始给我理发，让我也赶上那些已经为新的一年理好头发的人。

*

*

人际关系中的深层次信息

*

*

有一天，阿维对我说："我要开展新的业务了。我偶然见到了这种染发剂，打算做进口生意。"

他拿出手机给我看了一段 YouTube（视频网站）视频，里面介绍了一种温和的染发剂，可以经常使用而不会损伤头发或头皮。"它不含大多数染发剂都有的化学物质。"

"看起来真的很有潜力，阿维。"接着我想到了一件事，"你知道，我刚见了一家互联网营销公司的首席执行官，他可以在你起步阶段为你提供数字化方面的帮助。他们公司利用各大搜索引擎提供的高级分析工具，帮助小公司确定对口的细分市场。”

阿维停了几秒钟，然后看着我说：“谢谢你，但我想采用别的方法。”

“什么方法？”

“我知道社交媒体和网络的力量，不过我个人更喜欢传统的经商方式。”

“你说的传统是指什么？”

“我打算直接拜访各家理发店，那里是了解顾客及其需求的最好的地方，在那里可以知道他们需不需要我的产品。”

我从商学院毕业已经十几年了。在那里，我曾聆听教授讲授销售和营销的课程，但现在阿维再次当了我的老师。

“当我想到一项业务时，我考虑的不只是底线。赚钱很重要，这是不消说的，但对我来说这并不是唯一重要的事。美好的体验，不管是顾客还是我的经历，都是一笔好买卖的重要组成部分。”

阿维接着解释说，无论是在商场还是在生活中，他都不喜欢海量分析得出的没有人情味的数据。他对社交网络也不感兴趣，上面的友谊并不真实，所谓的点赞也微不足道。“我想从真实的人际关系中获得深层次的信息。”他说，“一直以来，我就是这样经营这家理发店的，这也是为什么很多人都觉得我这里有家的感觉。”他指了指沙发上的一对夫妇，他们正在享受理发店当天提供的葡萄、桃子，还有咖啡。

人们会用“割喉”“狗咬狗”“与鲨鱼共游”等词来形容当今商业领域的残酷。但是，当我从镜子里观察阿维的表情时，我的脑海里出现了一幅生动的画面：阿维站在教室前面，慷慨激昂地讲述做生意要人性化的重要性。为什么不减少那些冰冷的统计数据，或是干脆替换掉，而是关注可以为公司注入活力的人际关系呢？既然可以通过生意把人聚集起来，为什么还要细分市场呢？

这种方法不仅可行，实际上还可以在当下这种数字游戏中获得较好的结果。事实证明，真实的关系，不管是同事之间的关系，还是与顾客之间的关系，都很重要。例如，盖洛普公司的研究表明，预测企业成功的最佳因素之一，是同事之间的深厚友谊。

在当今社会，这种关系越来越稀少了，而我们在心理和金钱上都为此付出了高昂的代价。

在我的脑海中，阿维理发店的门上又多了一个牌子：灵魂商学院。

*

*

等待的勇气

*

*

在阿维告诉我他准备进口染发剂大约一个月后，我去理发店问他事情进展得怎么样了。

“很顺利，我们就等卫生部的最终审批了，这一周我们都得面试销售人员。”

“哇，真的很快啊！”

“没错，有些事进展得很快，但有些事就要慢得多了。”

“怎么了？哪儿出问题了吗？”

阿维解释说，他有几件事需要决定，比如招多少人、先从哪些理发店开始销售、第一批进口多少染发剂。阿维经常能从一件事总结出普遍的原则，他说：“快很重要，但懂得观望等待也一样重要。”他接着又加了一句：“等待有时候也不容易，往往要付出代价，但这是必要的。”

阿维的话让我回想起了哈佛商学院约瑟夫·巴达拉克教授上的课。巴达拉克教授讲到了如何在两个正确的决定中做出抉择。这就好比一条路上的两个岔道，选哪个岔道都不错。面临这样的抉择时，我们知道不能二者兼得，我们必须放弃其中的一条路及其潜在的价值。

巴达拉克教授通过研究伟大的领导者得出了一个结论：他们经常选择等待，抱持着观望态度，忍受着不确定性带来的不安。在亚伯拉罕·林肯接任总统之前以及任期期间，每当要做出艰难的决定时，他都是这样做的。詹姆斯·伯克也是用这种方法带领强生公司走出困境的。等待并不是万无一失的方法，不可能确保得出哪一条路更好的结论，但有时随着时间的推移，答案会更加明朗。

我们的聊天接近尾声时，阿维总结道：“重要的是，当我必须做出某些决定，而我真的不知道怎么做时，我会选择等待，要么等知道了答案后做出决定，要么等知道不能再等了做出决定。”

苏格拉底曾说自己是雅典最聪明的人，因为他知道自己一无所知。阿维从来没有说过他是拉马特沙龙最聪明的人，但他只是不知道而已。

*

*

安全感

*

*

我已经有几个星期没有见过阿维了。这段时间，我一直特别忙，除了学校两个学期的正常教学工作外，我还得去中国、南非和西班牙出差。周五早上 9 点钟，我终于有了一点儿时间，可以理一理我那早该剪的头发，于是我向阿维的理发店走去。

我家离阿维的理发店很近，走一会儿就到了。我的心满怀期待，想象着阿维的话会带给我的启示而兴奋不已。那时，我已经清楚地知道，在和阿维接触的过程中，他的睿智思想让我受益匪浅。在和客户见面或是在回答学生的问题时，我发现自已经常会想，如果是阿维，会说些什么。

我往窗子里看了一下，阿维朝我笑了笑，我也报以微笑，然后走了进去。理发店里坐满了人。

“今天很忙啊？”

“是啊，估计 10 点 30 才能有空。”

“好，我到时再回来。”我心里稍稍有点儿低落。

10 点 30 我回到了理发店，阿维还是笑着迎接我。阿维的助理卡琳给我洗了头，我坐好后，阿维准备给我理发。

“今天要不要试试新的染发剂？”阿维建议道。

“哦，算了吧，我不介意我的白发。”

我们谈了谈他的染发剂进口业务，已经有 20 多家理发店开始在以色列开展销售了。我很震惊，显然他做出了决定，他的等待得到了回报。

“但是，你知道的，即使产品大卖，我也不会离开理发店，这里是我的灯塔。”阿维说。

“你的灯塔？”我问。

“没错，就像为船舶而设的灯塔。不管波涛多么汹涌，灯塔一直矗立在那里，为船舶照亮返回平稳海岸的路。我们每个人的生活中都需要一座灯塔。”

阿维沉默了几秒钟，我思索着他的话。“你是说理发店是你财务上的‘锚’？”虽然我的比喻有点儿模糊，但至少没有偏离“水”这个主题。

“可以这么说，但不仅如此。我觉得这里很舒服，大家一起聊天，一切都可以预测，而且生活相对比较平静。不管我在外面冒什么样的险，做多少事情，这座灯塔都提醒我不要太担心，我总能安全地回来。”

20 世纪的精神分析师唐纳德·温尼科特发现，孩子玩游戏时，如果妈妈在一定的距离内，他们表现出的创造力要高于那些妈妈离得较远的孩子。在这个距离内，孩子可以冒险尝试各种事物，可以摔倒了再站起来，可以失败后再创成功，因为有个无条件爱他们的人在旁边，他们很有安全感。

我意识到，我们成年人如果都像阿维那样拥有一座灯塔，那么我们也可以打造自己的创造力圈子。灯塔的形式可以各种各样，对某些人来说，家人和密友会让他们觉得很安全；而对另一些人来说，安全感可能来自某种仪式化的活动，比如冥想或园艺；当然，还有一些人，他们的安心始于理发店那明亮的窗户里透出来的光。

*

*

友谊和沉思

*

*

有一天，我的妻子塔米在附近的杂货店碰到了阿维。她告诉阿维，总听我说起我和他的聊天。“没错，但我们并没有足够的时间真正地谈一谈。”他回答道。当塔米告诉我阿维的话时，我的理解是，他是在邀请我多去理发店待会儿。所以第二天我就去了理发店，虽然头发还很短，根本不用理发。

我进去的时候阿维肯定刚讲完一个笑话，因为沙发上的那位女士以及正在剪发的顾客同时大笑起来。阿维的理发店总是欢声不停，笑语不断。有时大家会谈起刚播出的《美好的国度》，这是以色列的一部讽刺喜剧，相当于美国的《周六夜现场》；有时阿维或是哪位顾客会分享一段个人经历。

我待在那里，又听了大概30分钟才起身离开。我和阿维说了再见，并告诉他我觉得在理发店的时光很开心。

他对我说："是的，在这儿待着很有意思。我每天都喜欢来这儿上班。"

"你最喜欢这里的哪一点？"

"很简单。"他说，"我知道我会和朋友们见面，我还知道通过和他们聊天我可以学到新的东西。"

亚里士多德曾说，友谊和沉思是幸福生活的两大支柱。我们属于社会动物，属于理性的动物——我们需要朋友，需要学习。亚里士多德对这一点深信不疑，所以建立了一支哲学学派，并创办了"吕克昂学园"。人们可以在那里培养友谊，同时学习新鲜事物。

我不知道亚里士多德的吕克昂学园有没有阿维的理发店笑声多。

*

*

用赞美增强关系的弹性

*

*

我的小儿子埃利亚夫的头发又长长了，所以我带他去了阿维的理发店。当我看到三个人排在我们前面时，我很高兴，因为不用找借口在这里多待些时间了。

当天的话题是赞美。阿维说有些顾客找他理发很多年了，但从未赞美过他。“我知道他们很喜欢我给他们剪的发型，因为他们已经成了常客。”他停了几秒钟，得意地笑着说，“幸运的是，有些顾客从不吝惜赞美之词，这也就弥补了另外那些顾客的沉默。”

后排坐着一位女士，她头上涂满了深褐色的染发剂，包括刘海儿在内。她插话道，她已经结婚 30 多年了，丈夫总是不断地称赞她如何如何漂亮。“他知道这会得到回报的。”她顽皮地笑了笑，那一刻的她看起来仿佛是一个会挑逗人的少女。

埃利亚夫 5 岁了，他当然不知道那位女士的话具体是什么意思，但也露出了笑容。轮到他剪头发时，20 分钟过去了。大家你一句我一句，埃利亚夫目不转睛地看着每个说话的人。虽然只是个旁观者，但他觉得很舒服，因为没有被大家排斥在外。

大家说了很多，也听了很多；透露了很多，也体会到了很多，已经超出了彼此的言语。孩子能够从中领会不少的意思，也许比大人领悟的还要多。

阿维说：“我的工作有一个好处，我不仅要让我的顾客变得更漂亮，我还会告诉他们，他们很漂亮。”埃利亚夫跳上椅子时，阿维拍了拍他的头说：“你也一样，小朋友。”

著名心理学家约翰·戈特曼曾解释说，赞美在加深人际关系方面扮演着重要的角色——不管是夫妻间，父母与子女之间，还是机构内部的同事之间。赞美不仅在顺境时有助于关系的发展，让时光变得更美好，而且可以在困境时增强关系的弹性，帮助当事人更好地面对挑战——要知道，交往双方都会时不时碰到这种挑战。

马克·吐温曾经说过，仅靠一句赞扬他就能很好地活两个月。也许这就是为什么大多数人至少每隔一个月就会去剪一次头发——他们想去感受，想听别人说他们很漂亮。

*

*

降低定义爱的标准

*

*

上次见面时，在我离开前阿维给我布置了一项家庭作业。

“你看没看过《那我呢》（*What about Me*）这部电影？特别震撼。”

如他所说，看完后我的心灵的确受到了巨大震撼。里面的配乐太棒了，或者更确切地说，音乐跨越五大洲，巧妙地强调了这部电影体现的不同主题。

我再见到阿维时，告诉他我已经完成了作业，迫不及待地想和他聊聊这部片子。

他笑了笑说:“我爱你，兄弟。”我尴尬地笑了笑，说了声再见。

我很少对别人说“我爱你”三个字，仅有的几个人也都是我的家人或是约会数月的女友。但阿维就那样对我说了他爱我。我知道我不是他唯一爱的人，我在想他这么无所顾忌地表达爱，会不会降低了爱的价值。那天以前，我一直都是这么认为的，我觉得爱的宣言应该留给那些对我们而言最特殊的人。

现在，我不再那么确信了。也许阿维是对的，而我是错的。

我一直在读芭芭拉·弗雷德里克森的《爱的方法》。她在书中给“爱”下了一个新的定义——“积极性共鸣”。弗雷德里克森表示，我们每次经历爱，都会与对方建立一种积极的关系，这对双方都有好处。比如，两个人做爱时会感受到爱，而朋友间热情地拥抱，相识之人用眼神致意，或是陌生人在大街上因看到某事而同时大笑，都可以感受到爱。

降低定义爱的标准并不会削弱它的真实性或价值。相反，当我们识别出所有爱的时刻，我们就能更好地体会爱，也更有可能找到爱。爱就在我们身边，每一刻，每一次邂逅，都可能有爱的身影。因此，当阿维和我因为那部电影而彼此联结时，当我们相视而笑、互相认同时，这就是爱。

我决定以后在感受到爱时，要多说“我爱你”。

我是谁，怎敢与全球顶尖的爱情专家芭芭拉·弗雷德里克森争辩呢？

*

*

我们都是组成世界的一小块马赛克

*

*

我再次见到阿维时，问他为什么想让我看那部《那我呢》？他说其中有一些非常好的寓意，比如要学会活在当下，而不是为未来而活，要懂得欣赏世界的美，等等。

“不过对我而言，关键的一点是要学会不以自我为中心，要学会关注他人。”阿维继续解释了那部电影是如何证明我们所有人都属于同一个整体，我们的行动都是相互关联的。“如果世界真的如此，如果我们都是一小块马赛克，那么我们就应该拓宽我们那狭隘的视角，超越自我。”

“你具体指的是什么呢？”我问。

“我的意思是，如果你帮助别人，提高他们的幸福感，既然你和他们是连在一起的，你这样做对自己也是有益的。如果你只关注自己，整天都是‘我，我，我’，那么你只触及了整体的一小部分。即使你做得特别好，也只能获得一点点的成就感。”

阿维的话很有道理。毕竟，世界各地的抑郁症发病率都呈上升趋势。心理学家指出，导致这种趋势的原因之一就是人们越来越以自我为中心。

“但是关注自己也很重要。如果你什么都不给自己，就没有东西可以与他人分享。”我补充道。

“当然，我也是马赛克的一部分，我不能忽视这个部分。但如果我们把焦点全放在自己身上，就会出现问题——即使只是大部分放在自己身上，也会出现问题。那样的话，就有损我们与他人的关系，从而有损幸福。”换句话说，如果我们将整体的幸福比作一张饼，那么自我只是其中的一小块。如果我把目光局限在这一小块上，那就忽视了其余部分的潜力。一小部分即使全都算上，也只是一小部分。通过关注他人，通过给予和奉献，我会让整体变得更好，而我正是这个整体的一部分。

他的话让我想起了琳达·凯普兰·萨勒和罗苹·科瓦尔在《善

意的力量》中所说的一句话："关心别人的好处在于转移了你对自身担忧和焦虑的注意力，这可比心理治疗便宜多了！"

我付了理发的钱，去接孩子放学了。

*

*

静 默

*

*

有时候在阿维的理发店，我们会默不作声，单单听着剪刀剪头发的嚓嚓声，听着电动推子将头发推平时的嗡嗡声，听着锋利的剃须刀刮胡须时的吱吱声。随着这些声音在空气中回荡，阿维的灵巧双手、精准手法和认真细心带来的是脖子后面的一片光滑。

美居于空，静默生出成长。

*

*

在亲子关系中恢复元气

*

*

去阿维的理发店时，我一般都不会特意带着某个问题或是想着某个话题，而是顺其自然。不过，这次我有了一个明确的想法。我觉得有一件事让我心力交瘁，想听听阿维的看法，这件事就是抚养孩子。

我告诉阿维，孩子当然是我的心肝宝贝，但我常常因为要为他们做各种事情而疲惫不堪：送他们上学，接他们放学，给他们做饭，解决他们之间的矛盾，带他们去跳舞或打篮球，如果出现和他人不和的情况还要解决。此外，还有睡觉前和早晨起来那一大堆事。“没完没了！”我总结说，然后热切地期待他的回答。

“我是这样做的，我要求他们留出和我独处的时间。”他微笑着说。

“要求？你是认真的吗？”我问。

“当然了。你知道的，他们会花很多时间在课外活动上，还会花不少时间和朋友在一起。同时，他们也需要知道要留些时间给爸爸。”

一开始，我觉得“要求”这个词有点儿过了，但转而想了想，这对父母和孩子来说其实都是完全合理的。对父母而言，单独与孩子相处可能会是快乐的源泉，这与父母必须要做的那些琐事完全不同。我们可以做这样一个类比，一个是因为必须要吃而狼吞虎咽，一个是因为心里想吃而细细品尝。对孩子而言，除了享受与父母独处的快乐以及父母百分之百的关注之外，他们还会因为给父母带去了快乐而沾沾自喜。

心理学家、诺贝尔奖获得者丹尼尔·卡尼曼通过研究发现，与其他活动相比，父母通常不喜欢花时间陪伴孩子。其中一个原因是父母会被其他人或事分散注意力，当他们的注意力不集中时，就会觉得异常劳累。相比之下，如果父母单独与孩子一起，不被任何事打扰，那么他们很可能会共度一段愉快的时光，甚至会觉得充满活力。

阿维解释说，很多人会抽出时间在没有孩子打扰的情况下歇息一下，以此缓解养孩子的艰辛。大人的私人空间当然很重要，这对健康的亲子关系或是婚姻生活都很重要。但是，我们也要学会在亲子关系中恢复元气，这同样重要。

“我们为孩子做了那么多，我们也要记得为自己而活——不仅仅通过暂时摆脱孩子，还要在与他们共处的过程中修复自我。”

单独与孩子相处会提醒我们，抚养孩子不仅是我们要履行的责任，也会铸就可以享受的亲子关系。我们会成为更快乐的父母、更好的父母。

一周后我出去办事时老远看到了阿维，他正牵着女儿的手，两人的脸上都绽放着灿烂的笑容。

*

*

阿维剃刀定律

*

*

到目前为止，我的妻子塔米是唯一知道我在写这本书的人。在我收集到足够多的资料之前，我不想让阿维知道，因为我担心他知道后会变得不自在，不再那么收放自如。当然，出版之前我会征求他的同意，但必须在我觉得材料够写一本书了才行。从动笔的那一刻起，我很清楚按照阿维的风格，这本书以及其中的章节必须做到短小精悍。“少即是多”是阿维奉行的生活原则之一。如果这本围绕他的生活原则所写的书不遵从这一点，那就不大合适了。

我走进理发店时，阿维朝我笑了笑。他正在给一位女士吹头发，吹风机的声音太大，所以大家都停止了说话。不过等吹风机一停，说话声便又开始了。那个吹头发的女士似乎接着刚才停下的地方继续说道："我小时候没有的东西，我希望我的孩子都能有。"

阿维继续给她做造型，一会儿看看她的头发，一会儿看看镜子里，用梳子和双手不断地修整。随后他实事求是地说："我知道想要满足孩子的所有需求这一初衷大多是好的，但除了绝对必要的基本帮助，你给他们的越多，他们自己获得的就越少。"他的语气中没有丝毫论断别人的痕迹。

我立刻想到了伟大的教育家玛丽亚·蒙台梭利，她建议家长不要帮孩子做他们自己能做的事情。换句话说，尽可能少帮孩子，不要提供没有必要的帮助。如果我的孩子可以自己系鞋带，那么除非时间真的来不及了，否则我不会帮他系鞋带。如果我的孩子可以自己做一顿饭或是一个菜，那么他应该尽可能自己做，只有在必要时我才会施以援手。这样一来，孩子就会逐渐变得独立而自信。

蒙台梭利的想法与"奥卡姆剃刀定律"这一著名的哲学原理有异曲同工之妙。奥卡姆是 14 世纪英国的一位哲学家，他指出在提出理论时，我们要化繁为简。那么“阿维剃刀定律”也许可以这么理解：在帮助孩子时，如无必要，勿伸援手。

在理发店聊了几分钟后，阿维用剃刀给我刮了刮脖子后面的头发，使其尽可能光滑而无一根杂发。

*

*

保持求知的欲望

*

*

已经是下午 6 点了，我是理发店的最后一位顾客。助理卡琳已经下班了，所以阿维给我洗了头，然后让我坐在理发椅上。

站着工作了将近 10 个小时，阿维看起来有些疲惫。

“忙了一天了吧？”我打破了沉默。

“是啊。”阿维的回答异常简单。

“一会儿是不是吃完晚饭，看会儿电视，早早就睡了？”

“哦，不，6 点 30 我就得关门去上课。”

“上课？”

“嗯，我上个月报了一门商务英语，这周就要考十一级了。不过还有很长一段路要走，我希望明年能达到三十级。”

阿维这种不断要求进步、不断提高自我的精神再次让我赞叹不已。我觉得他的智慧最主要源于旺盛的求知欲。正如成人教育专家南希·默茨·诺德斯特姆所说：“终身学习会让我们在以后的生活中更加睿智。”

像阿维一样做一名终身学习者会受益良多，比如提高认知能力（让我们的大脑更敏锐），改善人际关系（让我们成为有兴趣而且更有趣的人）。

学习对身心健康十分有益。首先，它让我们感受到生活的意义，从而让我们更幸福；其次，投身于学习会让我们有事可做，从而让我们更健康。

作为一名学者，我身边有很多致力于学习的人。这些教授往往专注于某一领域，使用某种研究方法，但阿维与他们不同，他学习的内容和渠道都十分广泛，包括他自己在理发店获得的体会。不管是英语老师还是顾客，不管是阅读的书籍，还是电影和歌曲，每个人和每件事都为他的学习提供了原料。

*

*

想象是一头奶牛抢了你的车位

*

*

关于地中海地区的人有什么性格，文献资料可谓多如牛毛。热情、热切、急性子、容易激动、容易生气、容易坠入爱河都是经常会碰到的词。究其原因，可能是天气所致，也可能是基因使然，抑或是水、蔬菜或鹰嘴豆泥里含有什么。不过，不管是什么原因，效果都显而易见。在这片土地上，我们可以听到更多的车辆鸣笛声和吵闹声，看到更多的手势和夸张的面部表情。

即使在阿维的这个理发店，当我们把门关上，打开空调，外面的世界也一样会渗透进来。声音会从门窗缝中钻进来，情绪往往也会找到溜入前门的方式，那天就是如此。

一位中年女士走进来坐在沙发上，开始大声抱怨她刚刚在一家鞋店碰到的那位女售货员是多么无礼，多么粗俗，多么不堪，多么愚蠢。

当她抱怨了一大通之后，阿维说："我是个暴脾气，不过我从朋友那里学到了一个控制脾气的方法。"

阿维讲了一个假想的停车场的场景：你开会要迟到了，兜兜转转了好几分钟，想找个停车位。后来你看到一个人走出了大楼，于是跟着他到了他的车附近。你耐心地等他开车离去。但是，在你把车停进你找到的车位之前，一辆越野车抢在你的前面，占据了那个车位。

"在我看来，这就相当于向我下了战书，或者至少要坐在车里跟他对骂一番。"阿维说。我和那位刚去过鞋店的女士都点了点头，表示同意。阿维继续说道："不过，不管是在那一刻，还是现在，我心里都很清楚，为争夺车位而大吵大闹只会伤害我自己。即使我赢了那次争吵，愤怒还是会噬咬我的内心。"

"那么你怎么做呢？"那位女士问阿维。

"我会这样想，不是越野车抢了我的位置，而是一头奶牛。"

我和那位女士都大笑起来。

“看见没有，这招儿很管用！如果一头奶牛抢了你的车位，你可能只会笑笑，而不会和它大吵一架。所以为什么不利用你的想象力呢？那样的话，你就用不着生一天的气了。面对冲突时，我们应该学会理智处理——有时生气或恼怒是可以理解的，或是对的，但其实往往并不值得。”

心理学领域有很多关于替代情绪的研究，比如用同情替代生气，用兴奋替代压力。心理学家乔·托马卡曾帮助患有考试焦虑症的学生，将考试看成颇具挑战性而非令人害怕的对手。结果他们变得更加冷静，更有创造力，考试成绩也更好。替换掉一个词（“颇具挑战”替代“令人害怕”）或是一幅图像（“神圣的奶牛”替代“可恶的越野车”），有助于我们重新审视当前的情况，从而拥有不同的体验。

我当天的作业就是提前想好一些图像，以应对令人懊丧的事情，其中一幅我觉得有用的图像就是一位睿智的朋友在停车场因一头奶牛而大笑不止。

*

*

伤害管理

*

*

我去杂货店买东西的时候路过理发店，所以透过窗户和阿维招了招手。当他也朝我招手示意时，我从他的表情和手势上看出哪里不太对劲。当时，他正在给一位顾客理发，所以我决定先去买东西，然后再回来找他。几分钟后，理发店里就剩了阿维一个人，于是我走了进去。

“怎么了？”我问。

“我有点儿难过。”阿维笑了笑。

“出了什么事？”我刨根问底。

“我给一位顾客讲了我的投资，你知道的，就是染发剂的生意。他听了以后，就对我说了一件事，我处于很大的劣势，因为英语不好。这一点我早就知道了，所以正在学英语。但是，他说话的方式……很伤人。”

我们二人沉默了一两分钟，没有人的说话声，没有剪刀的咔嚓声，唯一能听到的就是空调低沉的嗡嗡声和远处公路传来的声音。

“当我受到伤害时，”阿维最终开了口，“我通常先让自己全然地感受一下。你说过要这样做，对吧？允许自己表露出人性的弱点。”

我点了点头。

他继续说：“但是，今天我选择了另外一种做法，这种做法我最近才开始尝试。”他微笑着看着我。

“我给了他一个拥抱。”

“你给了他一个拥抱？为什么啊？”

“因为他需要。那些伤害别人的人之所以这样做，是因为他们自己受到了伤害。他们急需温暖的关怀，所以我就给他们关怀。”

我想到了之前听说过的一项残忍的动物实验，实验表明当一只动物受到伤害时，比如电击，它的第一直觉是攻击紧挨着它的那只动物。疼痛会让动物以及人类本能地攻击他人。

大多数时候，伤害别人都是我们因为自己受到伤害而做出的一种自发、无意识的反应。不幸的是，无论是动物还是人类，伤害都会随着其中一方对自己所遭受的痛苦做出反应而不断升级，不断呈螺旋式上升，这就解释了人际冲突以及大多数国际冲突的原因——一个小小的分歧或是一个微不足道的争议最后变得一发不可收拾。

我知道阿维并非和平主义者，但如果不是绝对必要，他从不愿意与人起冲突。阿维选择拥抱伤害他的人，这样做会削弱潜在的冲突升级，结束不必要的伤害。

阿维相信人性本善，残忍或麻木通常是对我们内心痛苦的一种回应。那些给别人带来痛苦的人，往往最需要一个温暖的拥抱，这样他们就不会再去伤害别人，也不会再去伤害自己。

*

*

没有人是一座孤岛，可以自全

*

*

阿维的理发店与我们街区的便利店毗邻，所以买完东西我有时候会去理发店和他聊会儿天。有一天我正打算离开，一位邻居走了进来。他看起来疲惫不堪，忧心忡忡，显然他比约好的时间晚到了几个小时。

“今天忙疯了，我连喘口气的时间都没有。”他说，“我明天再来吧，还是同一个时间？”

“没问题。”阿维说，“给你来杯咖啡吧？”

“不用了，谢谢你。没时间啊。”他转身准备离去。

我以为谈话应该就此结束了，但阿维不这么想。

“我也准备喝杯咖啡，为什么不一起喝一杯呢？就几分钟的时间，我保证。”

那位顾客停了一下，也许这是他当天第一次停下来。他说：“当然，有何不可呢，也就 5 分钟。”

我再去理发店聊天的时候，阿维和我说起了他的另外一个著名的处事原则，是关于咖啡的，这让我想起了那天的事。

“你知道的，顾客进来时，我总会给他们斟上一杯咖啡。不过，只要有可能，我不只是端上咖啡，我会和他们分享咖啡。如果有必要，我总是和他们一起喝。”

听了他的话，我肯定是露出了一丝困惑的表情，所以他继续说：“有些人只需要被给予，他们就满足了。不过，有些人因为这个或那个原因，不愿意选择接受，也许是太忙了，受到过伤害，或是别的原因。但是，他们可能愿意分享，愿意加入别人的行列。”

同样，世界著名的社会心理学家罗伊·鲍迈斯特也曾写过，我们需要归属感。我们天生就有一项基本的需求，我们需要建立人际关系，维持社交关系，成为一个共同体的一部分。大约 400 年前，英国诗人约翰·邓恩曾说：“没有人是一座孤岛，在大海里独踞，每个人都像一块小小的泥土，连接成整个陆地。”我们想要，往往也需要，加入别人的行列，我们需要有归属感。当我们与他人分享某个东西时，不管是一起喝杯咖啡或是共享一段时光，还是提出建议或是倾听别人的故事，这都表明我们在一起。我们会提醒对方以及我们自己，我们并非独自一人。

*

*

肯定别人的努力，而不是聪明

*

*

卡琳给我洗头时，阿维的儿子阿甘走进了理发店。卡琳一边用她那双巧手为我每月一次的仪式打好前阵，一边说：“阿维真是位好父亲，他特别知道怎么和孩子沟通。”

坐在椅子上等阿维给我理发时，我可以从镜子里看到他正和阿甘在一个角落说话。阿维正在帮儿子准备地理考试，他们正一起列出以色列的海滨城市，从南部的阿什凯隆开始。当阿甘说到北部的纳哈里亚时，阿维表扬他说：“你上课听讲听得很认真，复习得又这么努力，我真为你感到骄傲。”每次阿维表扬他的孩子时，不管是学业上还是球场上的表现，他的关注点总是孩子的努力，而非天赋或成功。

“我会因为努力的过程而非结果表扬阿甘。”

大多数父母认为，告诉孩子他们很聪明、很漂亮或很有才华是件好事。他们认为这会增强孩子的自尊心、成功率和幸福感，我多年来也一直是这样认为的。但事实证明，这样的表扬伤害大于帮助。

斯坦福大学的心理学家卡罗尔·德韦克随机将一些五年级的学生分为两组。每组同学都需要回答几道题，题目较难，但符合他们的年龄段水平。他们基本上答对了大部分题。完成任务后，第一组学生因为智商受到表扬（“你们真聪明”），而第二组学生因为努力受到表扬（“你们很努力”）。

在接下来的实验中，两组学生要从两张试卷中选择一张。研究人员告诉他们，一张很难，不过可以从中学习，而另一张要简单很多。第一组的绝大多数学生（被告知他们很聪明的学生）选择了简单的试卷。与之截然不同的是，第二组 90% 的学生（因努力而受到表扬的学生）选择了能从中学习的较难试卷。

在第三轮实验中，两组同学都做了一份从客观上讲对他们这个年龄来说很难的试卷。第一组学生表示，他们在奋力答题的过程中觉得很痛苦，很沮丧，但第二组同学则很享受这个过程。德韦克解释说：“如果你表扬孩子很聪明，他们失败了，就会觉得自己不那么聪明了，于是会失去学习的兴趣。相反，因为努力受到表扬的孩子面临困难时不会表现出畏难，往往会精力充沛。”

有趣的是，当德韦克最后让两组同学做一张和第一次考试难度相同的卷子时，第一组那些“聪明”的学生表现得比第一次差得多，而第二组那些“努力”的学生却表现得比第一次好。

阿维凭直觉就知道如何表扬孩子才能教会他们拥抱挑战。我多么希望我也有这种直觉，但是我没有，所以我只能通过阅读文献以及去理发店理发来提醒自己了。

*

*

持续对爱情的投入

*

*

在我们的生活中，大多数人负担不起心理治疗的成本，包括时间和金钱在内，不过理发师也许可以提供一种既省钱又省时的替代治疗。当然，心理分析师和理发师的工作内容肯定千差万别，但其中也不乏惊人的相似之处。身为专业人士，心理分析师或理发师为顾客提供服务时，大多位于顾客的身后。每次见面，都没有规定的或是预先设计好的话题，任由自由联想引导一切。另外，一旦某个人找到了合适的心理治疗师或理发师，他们之间的关系可能会持续数年。

虽然阿维不蓄胡子，也不抽雪茄，虽然他是摩洛哥血统，而非奥地利血统，但他的话总让人想起弗洛伊德的著作。与弗洛伊德一样，阿维也深知工作和爱情的重要性，我们之间的很多谈话都是围绕着这两个话题展开的。不过，弗洛伊德的一生过于强调工作，经常以爱情为代价，但阿维坚持做到工作与爱情之间的平衡。

那天我发现头发实在该理一理了，于是去了阿维的理发店，结果发现关门了。我忘记了那天是星期二，阿维周二下午都会休假。第二天，当我坐在理发店的沙发上，边听着布伊卡的《世界上没有人》，边问阿维昨天都干什么了。

“我和家人在一起，只是随便逛逛。”随后他又说，“如果人们把爱情和工作摆在同等重要的位置就好了，那样的话，爱人之间的关系将大为改观，他们的生活也会更加美好。”

现在的离婚率处于历史新高，大多数结婚几年的人并不喜欢目前的婚姻生活，这和他们喜结连理时所期待的那种爱情关系大相径庭，这没有什么好惊讶的。同样，家庭关系基本上也越来越弱了。阿维谈到了工作和爱情的双重标准。“人们找到理想的工作后，会投入大量的精力把工作做好。但是，他们对待爱情却不一样。大多数人蜜月一过就停止了对爱情的投入。”

吸引力法则与万有引力定律不同，它需要不断耕耘。要想永远幸福地生活在一起，只需要深深地坠入爱河，这种想法只限于童话故事。

那天下午我走进理发店准备理发时，因为一天的工作觉得筋疲力尽。不过，和阿维自由地聊了会儿天后，我离开时便恢复了活力，期待着与我爱的人共度晚上的时光。

*

*

相信自己的处事方式

*

*

我每个月理一次发，那天当我走进阿维的理发店时，他正在给一家大型高科技公司的首席运营官做发型。这位首席运营官正好住在这个街区，虽然我之前在附近见过她，但从来没有想到她会是阿维的顾客，所以看到她在这里做发型不免有点儿吃惊。她没有注意到我进来，而是聚精会神地审视着自己的头发，我想她工作时检查 Excel 表格应该也是如此。

这位首席运营官问了很多问题，阿维都耐心地一一解答。当她让阿维把头发再剪短一点儿时，阿维建议说：“头发是有重量的，并且靠重力下垂。如果没有一定的重量，它就会蓬起来。如果你的头发再短一点儿，就会炸起来。”阿维边说边比画了一个炸开的手势。

几分钟后，那位首席运营官准备离开时，笑着说：“你不知道，我今天来做这个新发型时，特别紧张，不过你赢得了我的信任。”阿维笑了笑，但不是平常那种开心的笑。

当他用推子推我一侧的头发时，也是一反常态的安静。于是，我先挑起了话题，顺着之前那位顾客的话问道：“你怎么通过理发获得别人的信任？”

“我不知道。”他皱着眉头说，“很有意思，她竟然说到了信任，因为前几天我刚对一位亲密的商业伙伴失去了信任。他是我的朋友，我们一起合作了 3 年，但他让我失望了。”

几分钟过去了，我们俩谁都没有说话，空气中回荡着约翰·传奇的《我的一切》。我不知道阿维是在听歌，还是在想他的朋友，但我不想打扰他。不过歌曲快播完时，他说：“获得信任的最好办法就是给予信任。”

“那个朋友的事让我很伤心，”他继续说，“但这不会改变我对待别人的方式。给予信任并不仅仅关乎他人，更是我想要的生活方式，更是我在这个世界上的处事原则。”他又沉默了几分钟，然后说：“之前我也失望过，将来可能还会有人让我失望，但通常情况下，我信任别人，别人也因此而信任我。”

关于公平理论，有很多心理学研究。这些研究表明，大多数人从别人那里得到了东西之后会给予回报。事实上，如果无法回馈同等价值的东西，我们大多数人心里都会觉得不舒服。这适用于物质的东西，比如礼物或金钱，也适用于非物质的东西，比如善良或信任。换句话说，信任在大多数时候都会产生信任。

如果信任没有赢得信任，阿维的建议是，在失望和伤心的同时，我们要继续相信自己，相信我们的处事方式。

*

*

孝是我们自己的道

*

*

阿维和大多数优秀的商人一样，都奉行“客户至上”的原则。如果他在理发的时候电话响了，他是不会接的。顾客进门时，他会热情地问候，给予他们充分的关注。阿维从来不会背离“顾客至上”的原则，不过有一个例外，如果阿维的母亲打来电话，一切都要暂停。

阿维正打算在我湿漉漉的头发上施展魔法，卡琳说他的母亲来电话了。虽然我听不到阿维的母亲说了什么，但是从他的回答中我可以猜到她为打断了他的工作而抱歉。

阿维说："妈妈，我随时都可以为你做任何事情。"

他们聊了两三分钟，阿维不停地称赞自己的母亲，比如"你是我的生命""你真的很重要"。随后，阿维的母亲想正好可以在电话里问问儿子比较"重要"的事。阿维回答说："吃了，妈。我吃了一大块三明治。早上给孩子们准备三明治时，我也给自己做了一个。"

他刚把电话放下，就转过身和几分钟前进来的一位顾客打招呼。"嗨，布拉哈，很高兴见到你。很抱歉刚才你进来的时候没有和你打招呼。'大老板'来电话了。她一来电话，我可得立正站好。"阿维笑了笑，布拉哈自己也是位母亲，所以报以理解的母性的微笑。

《圣经》教导我们："当孝敬父母，使你的日子，在耶和华你神所赐你的地上，得以长久。"《圣经》中所说的这种孝敬父母或长辈与长寿之间的关系，如今已经得到了科学证据的间接证明。

耶鲁大学公共卫生学院的贝卡·莱维发现，对衰老持积极态度的人比持消极态度的人平均长寿 7 年。要想对衰老表现出积极的态度，从而变得更为长寿，其中一个方法就是孝敬长辈，因为尊敬老年人既是这种积极心态的原因，也是结果。当我们学习长辈的智慧，包括我们的父母以及其他年长的人，倾听他们的教导，以他们为榜样时，我们会更感激他们，从而对衰老报以乐观的态度。

实际上，阿维的顾客可以从他与母亲的关系中受益。孝敬父母有益于长寿，而对阿维来讲，母亲永远是第一位的，那么阿维在我们身边的时间也会更长。

*

*

幸运是预言的自我实现

*

*

我再次坐在理发椅上理发时，阿维突然对我说:“我不断地收到来自四面八方的信息，帮助我做出艰难的决定或是引导我走出困境。”他这一突如其来的话吊起了我的胃口，我请他说得具体一些。

“如果你用心听，不管是听广播还是饭店里别人的对话，如果你用心看，不管是广告牌还是汽车保险杠上的贴纸，你都会碰到你所需要的信息。”阿维停了下来，好给我时间消化一下他所说的话。

我一生中遇到过很多好老师，有的是站在教室前面讲课的老师，有的则不是，比如阿维。阿维时不时就会说出一句发人深省的话，乍一听，似乎觉得有些模糊。在这种情况下，要等我和阿维说了再见，我继续思考，才能将他当天的教导一点点联系起来。

为什么有的人会被（自己以及他人）视为幸运儿？英国心理学家理查德·怀斯曼从科学的角度揭开了这一问题的神秘面纱。怀斯曼发现，这些人对外部信息的开放性很高。“他们擅长创造并注意到偶然的机会。”运气差的人也许会忽略或错过广播里一句有用的话，或是广告牌上一条有用的提示，但运气好的人碰到巧遇的信息，则会停下脚步，牢记在心，充分利用。

全球顶尖的创造力专家爱德华·德博诺也说过类似的话。他建议团队解决问题时可以采用如下方法：随机从词典里选一个词，然后以此为起点讨论手头的问题。每个词，即使是随意选的，都蕴含着重要信息，或者说都有可能帮助我们找到重要的信息。

虽然阿维的生活并非一帆风顺，也像大多数人一样面临着自己的挑战，但他却认为自己是个非常幸运的人。怀斯曼发现，这也是幸运的人身上所具有的另外一个特征：如果你相信自己是幸运的，那么你可能就是幸运的。期望会成为自我实现的预言。

我很幸运，遇见了阿维。

*

*

不要把期许强加给未来

*

*

我走进理发店的时候，感觉自己仿佛置身于电影《油脂》中那段有关美容学校的梦境：法兰基·艾瓦隆在深情吟唱，身边围着一群头上卷着锡纸的粉红佳人。理发店的沙发上坐着三位女士，其中两个头上卷着卷发筒，一个头上卷着锡纸。舞台的中央还有一位女士，她坐在椅子上，阿维正在给她做发型。

理发店正放着何塞·费利西亚诺的《雨》。“我一会儿再回来。”我的声音被费利西亚诺的歌声吞没。我感觉自己有点儿格格不入，好似走进了那段电影中的场景，却不知道自己的台词和动作。

“好的，今天下午有点儿太安静了，不太适合聊天。”阿维说。随后他又加了一句：“我想给你看点儿东西，你正好可以在这段时间想一想。”他走到前台，把他的手机递给了我：“这些年，有位朋友每天早晨都给我发条信息，让我思考，这是他今早发来的。”

生活时刻在变，

当生活变化时，规则要随之转变。

当规则变化时，需要制订新的规则手册。

今天请记住：你的生活可能已经发生了改变，你却没有。

我们总是想把现实装进我们预先设定好的模型中，但却忘记了其实应该反过来，让模型被现实塑造。我回想起商学院讲的那些案例分析，有多少经理人因为拒绝接受市场已然发生变化、需要采取新的方法，而一败涂地。“现代管理学之父”彼得·德鲁克在 20 世纪末指出：“在动荡时期，正如我们所处的时代，变化是常态。”不承认或是不接受这一常态，将会面临失败，与几十年前相比，现在更是如此。

对变化持开放态度这一点很重要，并且它不仅仅适用于商业领域。很多爱情之所以陷入困境，就是因为其中一方拒绝接受另一方有了变化，或是因为对方与心中的“理想”伴侣不一样。

如果我们不把自己的期望强加给未来，强加给别人或是这个世界，如果我们欣然接受惊喜并能够在其中安享快乐，那么生活会更加多姿多彩。如果没有什么宏伟的计划在等待着我们，抑或有，但我们还没有意识到，那为什么要紧紧抓住已有的规则呢？规则是用来重写的。

幸运的是，至少有些时候，生活会按照计划进行，就像那天下午一样，我独享了阿维的智慧之光。

*

*

别给幸福贴标签

*

*

作为一名积极心理学家，我面临一个挑战，那就是人们希望我一直保持快乐。尽管我写了一本书来讲述失败的重要性以及痛苦的不可避免，但我的很多学生甚至好友都以为我在某种程度上摆脱了阴暗面。我被贴上了“幸福专家”的标签，大家都认为我可以解决任何心理上的挑战。标签一旦贴上，往往很难去除。

和阿维在一起的时候，我真的很开心，因为我用不着故作开心。他可以看到我的全部，包括困苦在内。“咨客中心疗法之父”卡尔·罗杰斯指出，移情性理解，也就是简单地陪在一个人身边，是心理治疗过程的关键。那天早晨我走进阿维的理发店，看得出心情十分忧郁，阿维张开双臂拥抱了我，会意地笑了笑，一句话也没说，十分善解人意。我可以单单坐在那里，而阿维就陪在身边。

当他把我的鬓角推齐，把脖子后面刮干净，做最后的修剪时，他打破了沉默。

“有位朋友送了我一句特别好的话：要想往前走，挫折不可少。”

随后他恢复了沉默，放了法国歌手露安·艾梅哈的《我要飞翔》给我听。歌曲放完后，他告诉我这是电影《贝利叶一家》的主题曲。这部电影讲的就是歌手本人的故事，她的父母和弟弟都有听障。

为什么阿维会选择那天推荐那首歌和那部影片呢？我问他，但他没有回答，只是告诉我：“你看完后告诉我答案，现在是你的任务了。”

看完电影后，我明白了阿维的心思。这部电影讲的是静谧中所蕴含的丰盛，讲的是音乐的美、亲情的价值，以及我们前行过程中往往会伴随的痛苦。

*

*

幸福的 DNA

*

*

我一大早就赶去理发店理发，因为这一整天我都会很忙。走进理发店的时候，阿维正在和他的母亲通电话。他们在说第二天晚上会有谁过去吃饭，聊了几分钟，阿维对母亲说完“我爱你”之后挂了电话。

“你每天都给你的母亲打电话？”我问。

“当然了。”他回答说。

“每周五你都会去她那儿吃晚饭？”

“当然。”

这并不奇怪。在以色列，很多孩子，不管是年轻的还是年长的，每天都会给自己的母亲打电话，很多家庭都会在周五晚上团聚。这种定期的家庭聚会是我喜欢住在以色列的一个原因。

心理学有很多研究都属于常识，是可以预测的。比如，大多数人不需要通过科学研究也知道锻炼有益于健康。再比如，对自己所拥有的东西心存感恩会提高幸福感。然而，说到国家幸福感排名时，结果却有些令人惊讶。丹麦、哥伦比亚、哥斯达黎加、澳大利亚和以色列一直位居前列。虽然大家对于丹麦和澳大利亚的上榜并不奇怪，但以色列和哥伦比亚能占有一席之地确实出人意料。这两个国家一直以来都面临着诸多挑战，现在亦如此。那么，它们上榜的原因究竟是什么呢？

当研究人员提出这个问题后，也给出了一个明确的答案。世界上最幸福的国家都有一个唯一的共同点：那里的人们觉得自己拥有强大的社会支持，也就是说人际关系在这些国家颇受重视，处于首要位置。

我把这些研究结果告诉了阿维，他说："当然，没有什么比家人和朋友重要。"虽然全世界很多人都认同这一点，但大多数人在生活中却没有这样做。人际关系往往被放在金钱和职业追求之后。

当阿维每天与母亲通话，当他花很多时间陪伴母亲以及家人，他是在用言语和实际行动传达一条信息：人际关系对他来说最为重要。每当顾客走进理发店的时候，阿维都会真心实意地关心他们；每当朋友打电话求助时，阿维总是火速赶到现场。他所提供的这种社会支持正是幸福的DNA。

理发店正在放“探戈与狮子”乐队的《在酒吧》。随着阿维的剪刀挥舞，我的头发落在了围布上，有黑有白。当阿维解下围布时，下一位顾客走了进来。我和我的朋友阿维说完再见便去上班了，心里比来的时候多了一分快乐。

*

*

勇敢，但不强求

*

*

阿维和顾客聊天时，常常会把人自然作为比喻，比如他是这么告诉一位中年女士如何把头发留长的。“如果你想让矮牵牛花开放，就不能总修剪它。你要先让它们顺其自然地生长，时候到了再修剪。”

古希腊人将花园比作理想的生活方式，因为花园体现了顺其自然与精心培育的统一、野生与家养的统一。古希腊人认为，理想的生活依赖于赞美人性，并能运用人类培育和提升的能力。

那位头发现在已经留长了的女士离开后，正好轮到我理发了。

“这周我想起了重要的一课。”阿维继续着刚才和前一位顾客的聊天，虽然对象换成了我，却毫无违和感。

“是什么呢？”我迫切地问。

“解决问题的最佳方法往往是什么都不做。”他停了一会儿，专心地给我修剪鬓角，然后接着说，“大多数人碰到问题时，会一心一意地想要解决它。这有时候是件好事，但通常来讲，如果我们什么都不做，任其自然发展，问题要么会自动解决，要么答案会清晰可见，我们心里会清楚应该怎么做。”

他说完后，我的脑海里浮现出了我上周一直苦苦挣扎的一个问题。我把一本书稿交给了一位我很信任的编辑，结果得到的反馈十分尖锐。自从接到反馈后，我就不停地删了又删，写了又写，改了我觉得应该修改的地方，但心里明白完全没有任何进展。我遇到了瓶颈，我觉得唯一的方法是全然抛弃现在这个版本，重新来过，或者举手投降，把任务交给合著者。不过，听了阿维的话后，我知道自己还有另外一个选择：我决定什么都不做，先把书稿搁置一段时间。

我回忆了一下，发现阿维的建议在创新领域有很多研究作为支撑。这些研究表明，如果要找到创造性的解决方案，我们往往需要放手，给自己一定的时间和空间，在条条框框之外游历一番。园丁需要知道什么时候翻土，什么时候修剪花枝，也需要知道什么时候后退一步，让大自然来接手。

回家后，我坐在电脑前，打开了一个文档，但并不是被拒的那个书稿，而是那本有关理发师智慧的书。我准备开始写新的一章，继续写我那颇具哺育精神的理发师。

*

*

做梦和追梦比实现梦想更重要

*

*

阿维理发店的墙壁是白色的，干净整洁，没有任何装饰，除了写满了“想象”——约翰·列侬一首歌的名字。阿维绝对是个梦想家。

有一次他告诉我：“每天早晨起床的时候，我都会提醒自己是多么幸运。想一想，多少人晚上睡去之后，第二天没有再醒过来。他们无法再追寻自己的梦想，不仅如此，他们再也做不了梦了。”

阿维说的是梦想的两面，一是追梦，二是做梦。这两点对幸福充实的生活十分重要。

首先，追寻梦想，并积极地迎接挑战，而不是逃避自己的使命，放弃追求，这是健康的自尊心，也就是幸福感的重要组成部分。

其次，做梦本身，作为渴望的一种表现形式，可以有效地对抗抑郁和苦恼。事实上，悲伤和抑郁的关键区别就在于“希望”。

每个人偶尔都会有悲伤的时候，甚至包括幸福专家和睿智的理发师在内，而抑郁只有部分人会遭受。伤心的人可以设想一种让自己走出悲伤的方法，但抑郁的人对任何改善方法都不抱希望。做梦正是燃起这种希望的基础。

阿维并没有提到实现梦想的重要性，我觉得这一点很有意思，同时它也是阿维的真实写照。我们首先要想象事情能够成功，这样成功的可能性才会更高，这是毫无疑问的。但是，就长久的幸福感而言，做梦和追梦比实现梦想更重要，哈佛大学心理学家丹尼尔·吉尔伯特的研究便证实了这一点。

为此，我们不需要非常成功或是成就卓然。我们要做的就是早上起床，为我们还能做梦而心存感恩。

*

*

欲望与知足的中道

*

*

阿维不仅是丰富的智慧源泉，也是名伟大的理发师。他的顾客，包括我在内，都奉他为“妙手”。在世界杯期间，他能够满足大卫的要求，给他剪成罗纳尔多的发型。他还可以满足一位女士的要求，在女儿婚礼之前给她做一个格蕾丝·凯利的发型。凭借非凡的手艺和出色的商业头脑，阿维本可以轻松地扩张业务，而不是仅仅操持着这家小理发店。

于是，有一天我问阿维为什么不在靠近市中心的位置开一家大理发店，或是开几家连锁店。他说他曾多次考虑过这个问题，但最后还是决定维持原样。

“我问自己，这是我真心想要的东西吗，还是别人认为我应该这样做。”

随后阿维解释了“能”和“必须”之间的关系，这在我们的文化中相当普遍。很多人都认为，如果你有能力提高，就必须提高。但是，有什么理由这么做呢？

“你看，我吃饭只需要用一副刀叉。我知道很多人都渴望扩大自己的生意，理由也很正当，比如他们喜欢挑战，或者为了新鲜感和乐趣，这样很好。但对我来说，并非如此。”阿维引用了 12 世纪犹太圣贤迈蒙尼德的话，“人死之时，连一半的欲望都实现不了。”

阿维解释说，他 10 年前看清了一件事：不管他拥有多少东西——更大的房子、更好的汽车、更多的存款，都会有更多的奢望。他可以选择继续这种疯狂竞争的生活，从不满足自己的欲望，抑或退出竞争，学会知足。他又引用了犹太教典籍《父辈先师》中的话：“谁最富有？满足于生活境况的人。”

阿维停了一下又说道：“我并不是说想要回到我小时候一无所有的日子，或是刚开始谋生时手头拮据的日子。我很高兴我现在做得很好。小时候我们雅法流传着这样一句话‘钱多会出现问题，钱少会增加烦恼’。我不想过穷日子，但我当然也不需要很富有。”

阿维童年时领悟的道理指引了他的一生，并且与亚里士多德的伦理学根基如出一辙。迈蒙尼德也受了亚里士多德很大的影响。亚里士多德认为，我们要力图找到黄金分割点，找到盈与亏、多与少之间的中道。

理发店正在放安立奎·伊格莱希亚斯的《跳舞吧》，阿维边哼着歌曲的旋律，边给我理发。

一切安好。

*

*

慢活的能力

*

*

阿维总是鼓励他的顾客放慢脚步。当他们探头进来看到前面有人排队，然后说等会儿再来时，阿维便会说:“着什么急呢？进来和我们坐会儿。”

这句话总让我想起佛教徒，他们经常将“冥想”称为“打坐”。实际上，我和阿维坐在一处时，心里的那份宁静和冥想与做完瑜伽之后的感觉差不多。

看到有些顾客听了阿维的话会选择走进理发店，我觉得阿维的理发店是一片沃土，正滋养着一场与主流文化相反的变革。

现在，我们的社会凡事都讲求速度，吃快餐，开快车，一切都速战速决，包括做爱在内。人们沉迷于即时满足与即时影响。时间用纳秒来衡量，长期成功用季度收入来决定。然而，随着速度的直线上升，越来越多的人被抛在了后面，他们不快乐、不满足。如今，大多数理发店都可以被用作对抗这种快节奏的解药。排队等候、洗头、理发、修剪、再洗一遍头，这一切都需要时间。如果要拉直或烫卷，等待的时间更长。虽然有人觉得理发很痛苦，因为他们本可以利用这些时间做点儿别的事情，但大部分人都觉得理发店的体验让人身心放松，重装上阵。他们会觉得自己身处理智之岛，周围的人都很友好，不再想要逃到他处。

卡萝·奥诺德在《慢生活》一书中谈到了花时间做饭、做爱、交谈的价值。我最喜欢的老师，哈佛大学已故心理学家菲利普·斯通，常常提到“存在”和“行动”的区别。他说，我们这种强调行动的西方文化，阻碍了我们享受存在的价值。回溯过去，我们可以看到 19 世纪英国作家玛丽·安·伊万斯也在提醒我们放慢脚步。

“生命之河中的美好瞬间匆匆而过，我们看到的却只是沙子。天使来看过我们，我们却在他们离开后才幡然醒悟。”

我们停下、等待和付出耐心的能力正一点点消逝，我们需要经常锻炼来提高这种能力。就像去健身房锻炼肌肉一样，我们也可以去理发店锻炼慢下来的能力，这样我们才能更好地品味生活，欣赏更多内在和外在的美。

*

*

身份的陷阱

*

*

我发现阿维这几天都不在，于是去理发店问卡琳他去哪儿了。卡琳说他去意大利和荷兰出差，下周回来。我道了谢，预约几天后来理发。

再次见面时，我问阿维：“生意谈得怎么样？这一趟去得值不值？”

“很顺利，今天早上我还和潜在的投资人开了一个会。”这些投资人竟然是以色列最大的几家美发产品公司。

“会开得好吗？”我问他，脑子里设想着阿维身处一个完全不同的场景，和我平时见的他迥然相异。

“挺好的，不过开会的时候我在想自己是多么热爱这里的工作，胜过我职业生涯中所做的任何事……它让我理智地看待现实。”

“你是指什么呢？”我问。

“比如，今天早上我见的都是些成就斐然的高管，我们在第四十五层宽敞奢华的办公室开会。一个小时后，我回到了这里，这间位于一层的小理发店，给一个 8 岁的小孩剪头发。我喜欢这里的工作。”

我问阿维是怎么通过对比得出这个结论的。

“我们很容易落入身份的陷阱，就是让周身环境定义自己的身份。不管环境如何，我们都应该记住自己是谁。我们应该做真实的自己，不要忘记本真的重要性。”

阿维的话让我想起了顽皮男孩和碧昂斯合唱的《奔跑》，我是在阿维的理发店第一次听到的这首歌。歌手唱道，既要为一切将要来临的事做好准备，也要面对放弃我们生活的原意和放弃做我们自己的风险，二者是并行的。

坚持本真，而非失去自我，对领导力尤为重要。哈佛商学院的比尔·乔治教授是 20 世纪最伟大的商业领袖之一，他认为本真是卓有成效、备受尊崇的领导者的重要特征。虽然阿维并没有享誉全球，表面上也没有伟大领袖那样的成就，但是阿维和他们一样都具有本真的品质。

当然，伟大的领导者会根据不同的情况、根据对象是谁而采取不同的行事风格或方法，但是究其本质，他们都在坚持做自己。虽然阿维对经验丰富的投资人和 8 岁小男孩说话的方式肯定不同，但他内心的善良、谦虚与诚实始终没变。

除了专业性，阿维之所以能够成为男女老少的首选理发师，秘诀就在于“做自己”。

*

*

活在当下

*

*

我一般喜欢早上去理发，因为人比较少，我可以和阿维有更多独处的时间。2016 年 1 月一个寒冷的冬日清晨，阿维像往常一样招呼我，还有他为当天所选的歌。用阿维的话说，这些歌可以“代替他”来招呼顾客。那天放的是以色列歌手伊丹·赖切尔的歌，呼吁大家行动起来，每一天都不要错过任何机会——因为说不定哪天我们就再也没有机会了。

阿维告诉我，他决定不再放过任何一个机会。他想要休息一下，读读书，听听音乐，去各地旅游。阿维会定期关店一周或一个月，开启一场旅行。他知道这会影响生意，除了不赚钱以外，还可能流失顾客。不过，他心里也清楚，有些事情比生意重要得多。

阿维会经常问自己一个问题："如果还能活一个星期，我会做些什么？"这个问题，别人也问过我很多次，比如在互助小组之类的场合，但是阿维问起时，这个问题似乎有了更多的分量。我太了解他了，我知道对他而言这不仅仅是个学术问题，他的生活就是答案。

最近我读了斯坦福大学精神病学家欧文·亚龙的《叔本华的治疗》。这本小说讲述了一位心理治疗师得知自己还有不到一年的生命后如何面临死亡的故事。阿维的思考让我想到了亚龙的小说。

阿维说，不管我们还有一个星期或是50年的生命，与我们想做的事情相比，生命总是过于短暂，会在某一节点终结。所以，还等什么呢？

"此外，即使我能活到100岁，我也不想坐车游览长城，我想用脚步丈量。"

佛教有一种做法，我觉得有些极端但很有意思，那就是在墓地冥想。其目的是聚焦现实的转瞬即逝，从而关注当下真正重要的事。我想阿维可能从来没有在墓地打坐，他不需要逝去之人提醒他要活下去。

“过几天见，我明天要去伦敦。”我对阿维说了谢谢。

他笑了笑，提醒我说：“旅途愉快。”

*

*

话语的力量

*

*

我有一个神圣的仪式，每次在重要的讲座或录像之前都会理个发。

那是一个异常温暖的冬日，我 9 点整到了理发店，一个小时后我要在录音棚为 Happier.TV（一个聚焦提升人们幸福感的网站）录制一期节目。坐在理发椅上，我心里默默地回顾要说的话，阿维意识到我需要一段安静的时间，所以没有打断我的思路。空气中回荡着什洛莫·阿茨的歌声，歌词说的是他朋友的情人对他的引诱，他的朋友永远留在了战场。一曲完毕，接下来是法国新浪潮乐队的歌，唱的是沉默与言语，万物与虚无。

播了几首歌后，阿维给我理完了头发。我付了钱，正准备离去，突然看到前台放了一张名片，上面引用了拉比亚伯拉罕·库克的话，他是20世纪以色列最伟大的学者之一。

我拿起那张名片，念道："幸福的基石来自心中对真理的热爱，生活中对诚实的热爱，情感中对美的热爱，行动中对善行的热爱。"名片的另一面是阿维·佩雷茨的名字，下面是手机号码。

"这句话引用得不错。"我说，"我能拿一张吗？"

"当然，这些名片是我上周刚印的。这还有我原来的名片，上面的名言也不错。"

阿维从不错过任何通过话语传播智慧的机会，不管是他自己的还是别人的智慧，即使我或是其他顾客不想说话的时候，他也能做到。我向阿维道了谢，走出了理发店。

"爱与你同在。"阿维说。

他的顾客经常会收到这样的祝福。

*

*

心理安全感

*

*

作为一名社会心理学家，我经常会问这样一个问题：是什么造就了一个利于学习和成长的环境？换句话说，为什么在某个特定的社会环境，人们会展现出最好的一面？这个问题，我针对阿维的理发店，问过很多次。除了阿维那颇具洞察力的评论，肯定还有什么原因让我以及其他顾客离开理发店时，不仅更整洁了，而且更睿智了。

像平常一样，阿维用他自己的故事做了解答，这次，是关于他儿子阿甘的。

阿维告诉我阿甘在学校度过了艰难的一周，他考试没考好，被老师批评了。“他回家的时候，心情很低落，所以我先让他略微发泄了一下，然后问了他一个很简单的问题。我问他过了这么难熬的一周，是不是有所收获。他点了点头，我又说那不是很好吗？他的眉头立刻舒展开来，换上了一副笑脸。”

我有一句口头禅，总是一遍又一遍地说给自己、学生和客户听：“学习失败，否则你将无法学习。”失败、犯错和失望都是学习中不可避免的一部分，拥抱失败对于成功和幸福不可或缺。

哈佛大学的艾米·埃德蒙森教授发现，从失败中学习有利于组织的成功，因此开始研究心理安全。她给心理安全下的定义是“团队成员都认为，不用担心会出现人际矛盾”。一个让人有心理安全感的环境提倡的是开放、自我揭露、共同从失败中学习。当阿维讲述面对儿子的经历自己是如何反应时，我突然想到这正是阿维擅长创造的环境，不管是为他的孩子，还是为顾客。如果可以安全表露出自己脆弱的一面，可以安全度过艰难的时期，那人们就不会逃避失败和批评，而会奔向学习和成长。

心理安全感会将对失败的恐惧转化为对学习的热爱，将破碎的自己转化为勇于追求的自己，将紧锁的眉头转化为开心的微笑。

我走出了阿维打造的“安全屋”，再次觉得受到了鼓舞。我在想能否像阿维那样，在家里为我的孩子，在工作中为我的同事创造这样一种环境——我们可以犯错，可以失败，可以从中快乐地学习。

*

*

信仰

*

*

在阿维的理发店，大家谈论的话题范围很广，每次都会给我带来惊喜。每个人，不管是顾客还是访客，都会带来各自的话题。阿维有时会参与进来，说几句诙谐的评论，有时会睿智地保持沉默。

一天下午我走进理发店的时候，大家正好在谈论附近教堂翻新的事。

我听说拉比想要吸引更多的人去做礼拜。理发店的沙发上坐着一位年老的绅士，他不是来理发的，只是来和大家聊聊天。

他讲了讲现在吸引年轻一代去教堂有多么难，还讲了虚拟世界如何代替了现实生活。他说："甚至虔诚的人都只是下个应用程序做祷告。"他转向了阿维，看着镜子里的他说："实际上，我自己也刚下了一个，挺好用的。你想不想让我帮你下一个？"

阿维放下剪刀，示意那位老绅士跟着他。他们走出了理发店的玻璃门，阿维指了指天上说："我不需要用应用程序祷告，也不用任何中保。我直接与上帝沟通。"

我想到了拉尔夫·沃尔多·爱默生，1838 年他在哈佛大学神学院给毕业生做过一次演讲。正是因为这次演讲，爱默生被逐出教会，因为他声称我们与上帝交流时不需要中保，我们可以直接与神沟通。

阿维一直都是个直接的人，不管是说话，还是生活。他很担心现在的孩子每天打几个小时的电子游戏，而不去玩沙坑；大多数人都在电视上看高速追逐，而不去欣赏海上的落日；朋友们都在脸书上联络，而不去面对面交流。他坚决提倡少一点儿科技，多一点儿现实。他寻求的是与他人、地球以及上帝直接交流。

这是个阳光明媚的日子，回家的路上，我听到鸟儿的啁啾，看到树木吐出了新芽，天空碧蓝而广阔，我感受到了神圣的光芒。

*

*

爱的算法

*

*

正如我在本书开头提到的，我之所以写这本关于阿维的书，其中一个原因是想与那些没有机会成为阿维的顾客或是学生的人分享他的智慧——其实，我倾向于把自己和邻居看成他的学生。虽然阿维不知道我写这本关于他的书已经写了快两年了，也尚未同意我发表他所说的话，但是我有信心，他会同意的，因为他总是在传播爱。

最近，有个十几岁的女孩来理发店，请阿维资助 32 件 T 恤，给她们露营的女孩。作为回报，她说，阿维可以在 T 恤上给理发店打广告。阿维同意帮助女孩，但有两个条件。第一，不要把理发店的名字印在上面，而是印一张搞笑的脸，一张人们看了会大笑的脸。第二，每个收到这件 T 恤的露营的人，都要匿名为别人做件好事。

阿维的慷慨已经走出理发店，对外面的世界产生了广泛的影响。每当人们看到 T 恤上的搞笑图片，都会莞尔一笑或开怀大笑，这时他们的身体就会释放出化学物质，给他们带来更好的感觉。另外，让那些女孩做一件好事，阿维传播的不仅是良善，还有幸福和健康。心理学家索尼娅·柳博米尔斯基的研究证明，给予会提升我们的心理健康以及身体健康。

电影《让爱传出去》展现了人与人的互动从本质上将会产生巨大的影响，慷慨也可能会达到这一效果。电影中，由海利·乔·奥斯蒙特饰演的小男孩想到了一个让世界变得更美好的计划。他会做 3 件慷慨的事，然后让 3 位受益人同样做 3 件事，从而形成涟漪效应。简单计算一下，我们可以知道如果每个接受帮助的人再帮助 3 个人，那么只需 21 步，全球的人都会得到帮助。

慷慨有一点好处，如果别人对我们好，我们也更可能对别人好。慷慨是极具传染性的，阿维的智慧也是。

*

*

大礼物，小礼物

*

*

今天是2016年3月14日，距离我动笔写这本书，整整两年过去了。几个月前，我决定在今天告诉阿维这本书的事，同时请求他同意出版这本书。毕竟，与其说这是我的书，还不如说是他的书。

大约上午10点钟，我给他打了电话。

“今天怎么样？”我问。

“很好啊。”他回答说。

“我现在过去见你合适吗？”

“当然，随时可以。”

我们决定中午见面。放下电话，我立刻跑到电脑边，把我一周前完成的书稿打印了出来。

去理发店的路上，我看到阿维坐在外面，他那古铜色的皮肤沐浴着阳光，健壮的手臂放在桌子上，看起来不是桌子在支撑他的胳膊，而是桌子因为他的胳膊才得以立稳。我平时去理发店，心里总是兴奋不已，但这次却紧张不安。如果他不喜欢我写的东西怎么办？如果他拒绝了怎么办？如果我们的关系因此破裂，我要找一位新的理发师和老师，怎么办？

阿维像往常一样微笑着和我打招呼，他的笑容是那么真诚，那么纯粹，我真的十分珍惜，不想有任何改变。我试图挤出一个微笑。我觉得口干舌燥，和他说话时声音发抖。我坐下来，把手别扭地放在桌子上。

“怎么了，老朋友？”他看出了我的不安。

我决定单刀直入，要说的话我都练过无数遍了。“两年前的今天，我决定把你对我还有其他人说的话写成一本书。你的话对我有很大帮助，深深地影响了我的生活。”

我停了一下，阿维默默无声，脸上的笑容渐渐消失。我看不懂他的表情，所以继续说下去。我告诉他，每次我来理发店，如果他说的话或做的事触动了我的心弦，回家后我就会简要地写下来。我从包里拿出书稿递给他说，我想要出版这本书，这样别人也能读到——但前提是得到他的同意。

书稿拿在他的手里，看起来好像很轻，书角被风吹得哗哗直响。他仔细地看着里面的内容，过了几秒钟，抬起头说："哇，太棒了。我太想赶紧读一读了，我明天去意大利，会带着它在路上看。"

理发店来了位顾客，于是阿维起身去招呼他。他对我笑了笑，以往的笑容又回来了。他紧紧地拥抱了我，赶走了我最后的些许不安。

第二天阿维在去机场的路上，给我发了一条信息，他感谢我写了这本书。他说这是一份"大礼物"。我回复时换了一个话题，我让他听一听以色列歌手拉米·克莱因斯坦的一首歌，其中描述了代际相传的那些"小礼物"——感受与思想，旋律与回忆。它们帮助我们在不可避免的风暴与不安中找到一份平静，接受面临的一切。

歌曲的最后一句是："有此礼物，夫复何求？"

致谢

*

写书总是离不开集体的力量，这本书就是拉马特沙龙一处亲爱而温馨的街区结出的果实。

我要特别感谢我亲爱的朋友和合作伙伴尤瓦尔和沙尼·库茨，感谢你们在我写这本书的过程中以及在我的生活中提供的宝贵意见和支持。

我还要感谢实验出版社杰出而富有见地的编辑珍妮弗·库尔迪拉，是你找到了我，让我不断进步。感谢实验出版社的马修·洛尔和珍妮弗·赫根勒德尔，谢谢你们相信这本另类的书，谢谢你们为我提供了一个出版之家。感谢萨加林代理公司的雷夫·萨加林和布兰登·科沃德，谢谢你们 10 年来在生活与工作中的陪伴。

感谢我的父母，你们是我的榜样，教会了我

如何学习，如何倾听。感谢泽维克、阿特雷特、乌迪、迪约娜，感谢盖伊、阿龙、拉维，遇见你们是我的幸运。

最后我要感谢塔米，你是我开始写这本书时唯一一个知情的人，你是我最信任、最好的朋友。